BEI GRIN MACHT SICH IHR WISSEN BEZAHLT

- Wir veröffentlichen Ihre Hausarbeit, Bachelor- und Masterarbeit

- Ihr eigenes eBook und Buch - weltweit in allen wichtigen Shops

- Verdienen Sie an jedem Verkauf

Jetzt bei www.GRIN.com hochladen und kostenlos publizieren

Bibliografische Information der Deutschen Nationalbibliothek:

Die Deutsche Bibliothek verzeichnet diese Publikation in der Deutschen National-
bibliografie; detaillierte bibliografische Daten sind im Internet über http://dnb.d-
nb.de/ abrufbar.

Impressum:

Copyright © 2018 GRIN Verlag
Druck und Bindung: Books on Demand GmbH, Norderstedt Germany
ISBN: 9783668691148

Michael Dienst

Kiele, Stabilität und Agilität

STABILITY and AGILITY

GRIN Verlag

GRIN - Your knowledge has value

Der GRIN Verlag publiziert seit 1998 wissenschaftliche Arbeiten von Studenten, Hochschullehrern und anderen Akademikern als eBook und gedrucktes Buch. Die Verlagswebsite www.grin.com ist die ideale Plattform zur Veröffentlichung von Hausarbeiten, Abschlussarbeiten, wissenschaftlichen Aufsätzen, Dissertationen und Fachbüchern.

Kiele, Stabilität und Agilität
STABILITY and AGILITY

Mi. Dienst
Berlin im Frühjahr 2018

Zusammenfassung: Schiffsbewegungen und die Resistenz gegen diese Schiffsbewegungen sind mehr oder weniger an die Größe, die Art und Flächenverteilung des Lateralplans des Seefahrzeugs verknüpft. Separat betrachtet sagt der Lateralplan eines Seefahrzeugs nichts über die Masseverteilung im Unterwasserschiff und im gesamten Halbtaucher, seiner Last- und Ladungsverteilung etwa, aus. Wenn alleine die über die Fläche und die Flächenverteilung getragenen Bewegungsphänomene einer Resistenz diskutiert werden, können keine mit der vom Bootskörper verdrängten Wassermasse in Verbindung stehenden Effekte abgebildet werden, sondern lediglich translatorische Friktionsphänomene und mit der Fläche und der Flächenverteilung im Lateralplan verbundene Flächenwiderstandseffekte. Der Konstruktionsschwerpunkt einer Jolle liegt meist über der Wasserlinie. Sie ist ein formstabiles Boot, das sein aufrichtendes Moment durch den Wasserdruck erhält, der auf den flachen Rumpf wirkt. Aufgrund des hohen Konstruktionsschwerpunktes richtet sich eine Jolle nur bei sehr geringen Krängungswinkeln wieder von selber auf, wenn der Winddruck im Segel nachlässt. Was spricht stattdessen für Agilität? Was spricht für das krängende Moment? Was spricht für eine vom Design des Schwimmkörpers abhängige Fähigkeit, aus der aufrechten Schwimmlage „herauszulaufen"?
Diese Fragen werden wir versuchen, zu beantworten.

Abstract: Ship movements and resistance to these vessel movements are more or less linked to the size, type and area distribution of the Lateral Plan of the ship. Seen separately, the lateral plan of a maritime vehicle says nothing about the mass distribution in the underwater ship and in the entire semi-submersible, its load and charge distribution, for example. If only the motion phenomena of resistance carried over the surface and the surface distribution are discussed, no effects related to the mass of water displaced by the hull can be mapped, but only translational friction phenomena and surface resistivity effects associated with the area and area distribution in the lateral plan.
The design focus of a dinghy is usually above the waterline. It is a rigid boat that gets its righting moment by the water pressure acting on the flat hull. Due to the high design focus, a dinghy restarts automatically only at very low heeling angles, when the wind pressure in the sail subsides. What speaks for agility instead? What speaks for the high moment? What speaks for a dependent on the design of the floating body ability to "run out" of the upright swimming position?
We will try to answer this question.

SCHIFFSBEWEGUNGEN

Bei Seefahrzeugen in Fahrt bezeichnet die ROLL-Stabilität die Resistenz gegen die Rotation um die X-Achse, also das Drehen (Rollen) um diese Achse sowie das Rotationsschlingern. Grundsätzlich betrachtet ist die Roll-Stabilität die Eigenschaft eines Schiffes, die aufrechte Schwimmlage beizubehalten. Jedes Schiff besitzt eine von seiner Gestaltung abhängige Fähigkeit, sich wieder aufzurichten. Die ROLL-Stabilität stellt sich also dar als Reaktion auf ein krängendes Moment.

Das Rollen und das Krängen, das Entgegenwirken und das Wiederaufrichten in eine aufrechte Schwimmlage sind zwei konterinhärente Eigenschaften des Schwimmsystems. Primäre Einflussfaktoren sind einerseits die Form und Größe des Schiffsrumpfes, insbesondere des Unterwasserschiffes, sowie die Masse und die Masseverteilung des Schiffskörpers.

Beginnen wir mit einem idealisierten System. Bei stationären Betrachtungen erster Ordnung denken wir uns die gesamte Masse des Schwimmkörpers in einem Punkt, dem Gewichtsschwerpunkt vereint, es sollen keine verschieblichen Massen existieren. Der Schiffskörper als Schwimmsystem besitzt (wieder stationär betrachtet und erster Ordnung) einen Auftriebsschwerpunkt, der nicht mit dem Gewichtsschwerpunkt übereinstimmt. In der vertikalen Z-Achse unterscheiden sich (in Ruhe) Auftriebsschwerpunkt und Gewichtsschwerpunkt um die metazentrische Höhe; bei aufrechter Schwimmlage liegen sie senkrecht übereinander. Hier noch einmal die graduelle Einteilung der Schiffsbewegungen:

ROLL: das Rollen oder Rotationsschlingern, Rotation um die X-Achse;
PITCH: das Stampfen und Nicken entsprechend einer Rotation um die Y-Achse;
YAW: das Gieren, die Rotation um die Z-Achse;
SURGE: die der Fortbewegung überlagerte translat. Bewegung in X-Richtung;
SWAY: die translatorischen Seitenverschiebung in Y-Richtung
HAEVE: die Tauch- und Hebebewegung in Z-Richtung;
LURCH: das Schlingern und Taumeln um den Bugpunkt.

All diese Schiffsbewegungen und respektive die jeweilige Resistenz gegen diese Schiffsbewegungen sind mit mehr oder weniger Intensität an die Größe, die Art und Flächenverteilung des Unterwasserschiffs (den Lateralplan) des Seefahrzeugs verknüpft. Grundsätzlich ist vielleicht noch hervorzuheben, dass der Lateralplan eines Seefahrzeugs separat betrachtet nichts (aber auch gar nichts) über die Masseverteilung im Unterwasserschiff und im gesamten Halbtaucher, seiner Last- und Ladungsverteilung etwa, aussagt. Wenn alleine die über die

Fläche und die Flächenverteilung getragenen Bewegungsphänomene einer Resistenz diskutiert werden, können keine mit der vom Bootskörper verdrängten Wassermasse in Verbindung stehenden Effekte abgebildet werden, sondern lediglich translatorische Friktionsphänomene und mit der Fläche und der Flächenverteilung im Lateralplan verbundene Flächenwiderstandseffekte. Diese graduelle Sicht ist natürlich nur die eine Seite der Medaille.

Krängen. Das Schiff soll nun eine Rollbewegung ausgeführt haben, und wir betrachten in idealisierter Weise einen „eingefrorenen" Zustand, in dem wieder Gleichgewicht herrscht. Zu allen Zeiten der Rollbewegung bleibt der Gewichtsschwerpunkt an der gleichen Stelle im Schwimmkörper. Das leuchtet unmittelbar ein, denn der Gewichtsschwerpunkt selbst ist eine Gleichgewichtsdefinition gegenüber aller im System verteilten Massen.

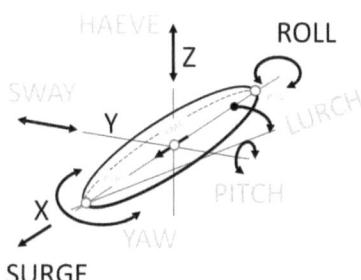

Beim Auftriebsschwerpunkt ist das anders. Auftrieb leisten alle Volumenanteile des Schwimmsystems, die leichter sind als Wasser. Auftrieb leisten alle Volumenanteile des Schwimmsystems, die Wasser verdrängen und dabei leichter sind (als dieses). Nur in ganz wenigen (geometrischen) Fällen bleibt beim Krängen der Auftriebsschwerpunkt, also der Gleichgewichtspunkt, der alle Auftrieb leistenden Volumenelemente repräsentiert am gleichen Ort im Schwimmsystem. Wegen der Geometrie des Rumpfes wandert der Auftriebsschwerpunkt. Das ist nicht leicht zu verstehen. Viel einfacher wird die Anschauung, wenn wir uns den Auftrieb als die gesamte nach oben wirkende Gewichtskraft des „verdrängten Wassers" vorstellen. Als Volumenkörper besitzt die verdrängte Wassermasse eine eigentümliche Form. Diese Form ändert sich, wenn das Schwimmsystem krängt. Wir sprachen oben darüber, dass der Gewichtsschwerpunkt seine (absolute) Lage im Schwimmkörper beibehält; das ist die Betrachtungswese von Lagrange, das körperfeste System. Bei Krängung durch eine von außen wirkende Kraft und in der Euler'schen Betrachtungsweise wandert der Gewichtsschwerpunkt in Richtung der Krängung. Falls die von außen wirkende Kraft nicht gerade genau auf den Auftriebsmittelpunkt zielt, wird sie als krängendes Moment spürbar. Jeder, der schon einmal ein kleines Boot betreten hat und somit eine bewegliche Last war, eine von außen wirkende Kraft quasi, kann das bestätigen. Der Auftriebsschwerpunkt wandert (beim Krängen) ebenfalls in Richtung der Krängung, also zur selben Seite aus wie der Gewichtsschwerpunkt. Das kann man sich dann leicht vorstellen, wenn man weiß, dass der Auftriebsschwerpunkt ja das Zentrum des verdrängten Wassers repräsentiert. Gewichtkräfte und Auftriebskräfte sind von gleicher Art, mit dem Unterscheid, dass sie in entgegengesetzte Richtung wirken, also unterschiedlichen Richtungssinn haben. Der Trigger beider Kräfte ist die Gravitation. Jetzt, beim Krängen, stehen Gewichtsschwerpunkt und Auftriebsschwerpunkt nicht mehr senkrecht übereinander. Nehmen wir die Kraft, die das Krängen bewirkt fort, bilden Gewichtsschwerpunkt und Auftriebsschwerpunkt einen Hebelarm, der das Schwimmsystem in seine aufrechte Ruhelage zurückdrehen will. Das aufrichtende Moment. In Fahrt ist das aufrichtende Moment ein Maß für die Resistenz gegen die Rotation um die X-Achse, also Rollen und im periodischen Fall das Rotationsschlingern.

Das aufrichtende Moment wird meist als eine „freundliche" Kraftwirkung empfunden. Die Wirkung einer konservativen Kraft, die ein Minimum an innerer Energie anstrebt und weil das aufrichtende Moment die (ruhige Anfangs-) Schwimmlage des Systems herbeiführt; so sind wir Menschenkinder nun einmal. Wir suchen nach Stabilität.
Aber nicht Alle. Für eine Seiltänzerin ist das Herbeiführen des Minimums an innerer Energie nicht erstrebenswert; im Gegenteil. Sie versucht durch „Balance" einen labilen Zustand des Gleichgewichts aufrecht zu erhalten. Balance ist offenbar ein kompliziertes Gemenge aus Kräften, Momenten, kleinen Energiedosen und Information. Das labile Gleichgewicht zehrt quasi Energie und Information auf. Wir sprechen von einem dissipativen Gleichgewichtszustand, eine Betriebsweise, in die wir Energie investieren müssen, um sie – die Betriebsweise - zu stabilisieren; die Rede ist von Ressourcen verbrauchenden Systemen.
Als Reaktion auf ein von außen eingebrachtes, krängendes Moment besitzt das (konservative) Schiff eine, von seiner Gestaltung abhängige Fähigkeit, sich wieder aufzurichten und dann eine aufrechte Schwimmlage beizubehalten. Diese konservative Eigenschaft sei die Roll-Stabilität, eine Resistenz gegen die Rollbewegung des Seefahrzeugs.

Ihr Gegenteil sei Roll-Agilität.

Was spricht für Agilität? Was spricht für das krängende Moment? Was spricht für eine vom Design des Schwimmkörpers abhängige Fähigkeit, aus der aufrechten Schwimmlage „herauszulaufen"? Was spricht dafür, eine

konservativ   dissipativ

labile Gleichgewichtslage durch Dissipation von Energie und Information zu befüttern? Um diese Frage zu beantworten, wenden wir uns erneut dem konservativen Design zu. Das Rollverhalten von Schiffen mit einem großen aufrichtendem Moment nennt man steif, das von Schiffen mit einem geringen aufrichtenden Hebelarm nennt man rank. Bei Segelyachten ist diese Semantik unmittelbar sinnstiftend. Ein rankes Schiff wähnt sich sofort unserer Bewunderung sicher, ein (schlanker) Scherenkreuzer gilt als rank, ein Plattbodenschiff eher nicht. Versuchen wir die Benennung des ranken Schiffes zu generalisieren, baut sich ein etwas anderes Bild auf. Containerschiffe aber auch zunehmend Kreuzfahrer haben bauartbedingt einen sehr hohen Gewichtschwerpunkt. Damit diese Schiffe dennoch stabil fahren, besitzen sie eine hohe Ballastwasserkapazität, vornehmlich in tieferliegenden Doppelbodentanks. Ein Kreuzfahrtschiff als rank zu bezeichnen ist aus einer ästhetischen Sichtweise eher grenzwertig, formal aber richtig. Ganz anders das Kohlenlastschiff, das im beladenen Zustand einen sehr tief liegenden Schwerpunkt besitzt. Seine Resistenz gegen Rollen, sprich seine Roll-Stabilität, ist unerwünscht hoch. Unerwünscht, weil das Schiff nun in der (entlang der) X-Achse „präzisiert" und mit hohen Beschleunigungen von kurzer Periodendauer aufwartet. Man denke auch hier wieder an eine Seiltänzerin oder Eisprinzessin, die durch anbeugen der Arme ihre Rotationsgeschwindigkeit erhöht, durch Ausstrecken aber die Drehzahl der Pirouette verkleinert. Dementsprechend wird ein Schiff mit unerwünscht hoher Rollstabilität durch Aufnahme von Ballastwasser in Hochtanks „beruhigt". Das aber ist noch kein überzeugendes Argument für Agilität die aus der Dissipation stammt!

Um an einem Schwimmsystem das Wechselspiel krängender und rückstellender Momente näher zu erörtern, betrachten wir Segelyachten. Bei Segelbooten kommt das krängende aus der Segelkraft oftmals mit erheblichen Hebelarmen daher. Der Druckmittelpunkt der Segeltragfläche ist deutlich über der Wasseroberfläche, während sich die Rotationsachse (idealisierter Weise die X-Achse) um die sich die Rollbewegung vollzieht etwa

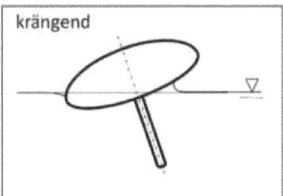

krängend

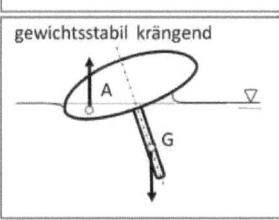

gewichtsstabil krängend

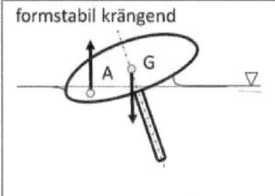

formstabil krängend

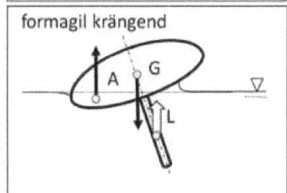

formagil krängend

ebendort befindet. Betrachten wir nun Einflüsse, die an einem idealisierten Rumpf einer Krängung entgegenwirken und solche, die sie befeuern, so ergibt sich eine allen Seglern wohlbekannte Argumentation. Der Ballastkiel einer Segelyacht wirkt als Gegengewicht G der Krängung dieser entgegen. Die Kraft A ist der hydrostatische Auftrieb der aus dem Volumen der verdrängten Wassermasse stammt. Auftrieb und Gewichtskraft bilden ein Kräftepaar und bewirken ein rückstellendes Moment auf das krängende Schwimmsystem. Das Ganze funktioniert ähnlich dem Prinzip des Stehaufmännchens (in einer Flüssigkeitslagerung) und ist sofort zu verstehen: es ist die Konfiguration der klassischen Kielyacht. Das formstabil krängende Boot, eine Jolle in unserem Beispiel (3. von oben), ist deshalb ein wenig komplexer, weil einerseits das meistens recht leichte Schwert wenig zu einer Gewichtsstabilität beitragen kann, andererseits weitere Kräfte im Spiel sind, denn das Jollenschwert ist ein Flügel der im Medium Wasser arbeitet und dessen Aufgabe darin besteht, spürbar Querkraft zu erzeugen. So gesehen ist natürlich auch der Yachtkiel ein Querkraft erzeugendes System. Für die Gewichtsstabilität gilt, dass mit zunehmender Krängung der Auftriebsmittelpunkt nach außen wandert und damit das aufrichtende Moment erhöht. Beim formstabil krängenden System ist die Lage des Auftriebspunktes, der Schwerpunkt der vom Schwimmkörper verdrängten Wassermasse, für die Formstabilität von entscheidender Bedeutung. Mit zunehmender Krängung wird das Wasser mehr und mehr auf einer Seite des Rumpfes verdrängt. Dadurch wandert der Auftriebspunkt nach außen und ein rückstellendes Moment wirkt. Dies gilt umso mehr, je breiter das Boot ist. Bei zu großer Krängung nimmt das Moment wieder ab, weil der Auftriebspunk zur Mitte wandert, was intuitiv mit einer entsprechenden Körperbewegung beantwortet wird. Jollensegler sind die wahren Meister des dynamischen Gewichtstrimms und bei Regatten auf Kielyachten gern gesehene Gäste. Nicht wenige Steuerleute im America's Cup kommen aus den Jollenklassen.

Das letzte Bild der Serie zeigt einen Kiel, der mit dem vertikalen Auftrieb L (quasi einer Gewichtkraft mit negativen Vorzeichen) arbeitet. Solche Kiele kommen bei artifiziellen Schwimmsystemen in der Regel nicht vor. Sie sind eigentlich nicht Stand der rezenten Technik.

Eigentlich aber doch. Spielen wir das Szenario der letzten Abbildung (4) einfach mal durch. Wie in den anderen drei schematischen Skizzen herrscht kein! Gleichgewicht. Das formstabil krängende System entsprechend (3) besitzt die Auftriebskomponente A, die der verdrängten Wassermasse entspricht, das Moment aus der Gewichtskraft G, die recht weit oben auf der Z-Achse angesiedelt sei und bedürfe demnach noch einer zusätzlichen rückstellenden

Kraft, die beispielsweise von einem ausreitenden Vorschoter herrührt (und in der Skizze nicht berücksichtigt ist): Das klassische Jollenkonzept der Formstabilität. Nun sind Jollen in der Regel recht agil. In einigen Segelklassen sogar extrem agil. Betrachten wir hierzu die foilende MOTH[1]. In dieser Bootsklasse kann das Sportgerät dem Segler einfach nicht agil genug sein. Motten dürfen Tragflügelsysteme nutzen, um sich aus dem Wasser zu heben. Wer zum ersten Mal eine Moth segeln sieht, glaubt an ein Wunder. Die Geschwindigkeit der Jolle ist mit bis zu 30 km/h exorbitant hoch und dennoch ist auf einem Kurs die „gespürte" Richtungsstabilität groß. In einem Bericht zu diesem Thema lese ich:

Die foilende Moth, Totalfaszination. Wir waren mit der SÖVIND draußen. Südwest, etwa vier Beaufort. Da sahen wir sie, die „Motte". Gelb, böse, pfeilschnell. Über drei Ecken kannte ich den Segler, der mit dieser Höllen-Tragflügeljolle über den See flitzte. Im vorangegangenen Herbst nämlich wurde ein Projekt erfolgreich beendet, an dem auch unser Forschungspartner FutureShip beteiligt war. Es ging um die numerische Simulation einer foilenden Moth. Der junge Forscher hatte in Hamburg einen sehr ambitionierten Vortrag gehalten. Das Handout zum Symposium wurde mir später zugemailt, ein starkes Papier. Das muss ein absolutes Hochgefühl sein, mit seinem Forschungsgegenstand über die Wasseroberfläche zu heizen. Und jetzt hier auf unserem See. Während wir einen Schlag segelten, fuhr die Motte drei oder vier. Und ja, gerne hätte ich mich ein wenig mit dem Segler unterhalten. Aber es ergab sich keine Gelegenheit. Nicht mal eine Kenterung, bei der man hätte ihn retten können, oder so. Und dann war sie plötzlich verschwunden. Das erlebt man js ständig bei Schiffe. Erst sind sie da, dann sind sie weg, dann plötzlich vorm Bug.
Die International Moth Class ist eine Einhand-Segelbootklasse. Die Rumpflänge der Jolle beträgt 3.5 Meter, die zugelassene Segelfläche acht Quadratmeter. Sie ist die einzige von der International Sailing Federation (ISAF) anerkannte Einhand-Jollen-Konstruktionsklasse. Ihre Vermessungsregeln erlauben dem Konstrukteur weitgehende Freiheiten. Größere Verbreitung fand die seit 1928 bestehenden International Moth in

---

[1] https://www.imoth.de/ Die Moth ist die einzige von der ISAF anerkannte Einhand-Jollen-Konstruktionsklasse. In dieser Bootsklasse ist alles erlaubt, bis auf ein paar wenige Einschränkungen. Das Boot muss im Wesentlichen folgende Voraussetzungen erfüllen: Es ist eine Einmann-Einrumpfjolle, nicht länger als 3,35 Meter lang und maximal 2,25 Meter breit, mit maximal 8,25 Quadratmeter Segelfläche.

Siehe auch Tragflügelsystem unter: http://www.fastacraft.com/

Australien und England; kleinere Flotten segeln in den USA, Frankreich, Deutschland, der Schweiz und den Niederlanden. Konstruktionsklassen geraten immer wieder in die Kritik. Es sind die Segelsportler selbst, die ab einem gewissen Grad an Gestaltungsfreiheit Materialschlachten in den Konstruktionsklassen ausmachen. Und dies ist tatsächlich auch der Fall. Segler, die auch Konstrukteure sind, sehen das natürlich ganz anders. Aus ihrer Sicht der Dinge sollte es mehr Konstruktionsklassen geben. Nirgendwo sonst kann die Tauglichkeit von Gestaltungs- und Materialinnovationen unter realen (Kampf-) Bedingungen ausgelotet werden. So auch Manfred Curry, legendärer Regattasegler und Segelforscher; er setzte sein Gestaltungsideen konsequent in Yachtdesign um und war damit außerordentlich erfolgreich. Und wurde angefeindet, weil er den Segelsport entzauberte mit seiner wissenschaftlichen Sicht. Die Klassenregeln der International Moth erlauben den Anbau und Betrieb von Tragflügeln, so genannten Hydro-Foils. Dieses fluiddynamische Prinzip auf der Grundlage der Auftriebserzeugung mit Tragflügelflächen, hebt den gesamten Schiffsrumpf an, um damit die benetzte Oberfläche des Schiffs zu verkleinern und so den Reibungswiderstand des Gesamtsystems zu reduzieren; es ist seit langem bekannt. Die Entwicklung von Tragflügelsystemen begann um 1900. Um die Jahrhundertwende beschäftigte sich der italienischen Luftschiffkonstrukteur Enrico Forlanini (1848–1930) mit der Entwicklung von Flugbooten. Daraus entstand das erste einsatzfähige Tragflügelboot, gebaut 1906, als dessen Erfinder er allgemein gilt. Anfangs waren die Hydro-Foils V-förmige Tragflügelsysteme. Hundert Jahre später sehen wir Tragflügelsysteme auch im Segelbereich. Stand der Technik sind T-förmige Tragflächen, deren Anstellung mechanisch oder durch Sensor angesteuert werden am Schwert und passiven Systemen am Heck des Segelbootes."

Von einem Langkieler aus betrachtet gleicht das Segeln und die Flug-Bahn der Motte einem Zaubertrick. Auf den zweiten Blick ist der Lift, der aus dem Auftriebsgebaren eines Tragflügels stammt aber äußerst plausibel. Dynamische Auftriebskraft an einem Tragflügel ist ein erstaunlich robustes physikalisches Phänomen. Dynamischer Lift an maritimen Systemen entsteht, wenn ein Tragflügel mit der Kontur eines Flugzeugprofils im Medium Wasser arbeitet und vertikale Querkraft erzeugt: das Foil. Meistens besitzen foilende Boote einen Tragflügel etwa schiffsmittig und einen weiteren Tragflügel am Ruderblatt achtern. Die Tragflügel sorgen in Fahrt für die Vertikalkomponente einer Kraft, die das Boot samt Segler aus dem Wasser zu heben vermag. Natürlich lenkt man bei der Konstruktion und Optimierung dieserart dynamischen Auftriebssystemen alle Aufmerksamkeit in die Auswahl der signifikanten Tragflügelprofile. Ein Gütekriterium ist der Lift-Koeffizient C_L des Flügelprofils, der aufgetragen über den Anstellwinkel $C_L=f(\alpha)$ des Tragflügelprofils, aus Tabellenwerken entnommen oder berechnet werden kann. Der maximale Lift einer Kontur wird kurz vor dem so genannten Stall (Strömungsabriss bei einem kritischen Anstellwinkel) der Tragflügelkontur erreicht. Aus einem sicheren Betriebsbereich stammen passable Auftriebsbeiwerte mit einem Anstellwinkel α um die 10°. Der Konstrukteur wird dann mit einem Auftriebsbeiwert $C_L=f(\alpha=10°)>1,3$ rechnen können; das ist für ein gewöhnliches NACA-Profil[2] ein probater Wert. Die, neben dem Medium mit der Dichte ρ $[m^3kg^{-1}]$, wichtigste Komponente des dynamischen Auftriebs ist jedoch die Strömungsgeschwindigkeit v $[ms^{-1}]$ des Fluids am Tragflügel. Ein foilendes Seefahrzeug leistet zwar schon bei kleinsten Fahrgeschwindigkeiten ein gewisses Quantum an Auftrieb $L[N]$, die Leistungsentwicklung wächst aber nichtlinear mit der Geschwindigkeit. Das ist das wunderbare an diesem physikalischen Phänomen „Lift". Massiv wird die Auftriebsleistung $P = Lv$ mit dem Geschwindigkeitsterm der in der Gleichung für den Lift L in quadratischer Form auftritt für die Kraft: $L = \rho/2\ C_L\ A\ v^2$ und in kubischer Form für die Leistung $P=\rho/2\ C_L\ A\ v^3$. Allein diese Formel hat Performance.

Betrachten wir nun das Schwimmsystem in Fahrt: ein Aufgleiten der Motte mit 7 kn (3,5 ms^{-1}) halte ich für absolut realistisch. Der Tragflügel, der mit dieser Fahrgeschwindigkeit im Wasser arbeitet, soll mit einem festen Anstellwinkel a=8° auf das stehende Fluid treffen. Diese wenigen Randbedingungen reichen für eine erste Überschlagsrechnung aus, denn den Konstrukteur interessieren nun zuerst die Geometriedaten des Foils, seine Grundabmessungen, die in der Auftrieb erzeugenden Fläche A verborgen sind. In der Designpraxis liefert nun der aus der technischen Mechanik stammende „Ein-Kilo-Newton-Ansatz" einen guten Eindruck für ein erstes aussagekräftiges Ersatzmodell zur Auslegung des Tragflügels einer foilenden Jolle. Die smarte Seglerin in unserem Modell und die fahrfertige Motte wiegen zusammen etwa 100 Kilogramm. Um dieses Mensch-Maschine-Ensemble im Gleichgewichtszustand über das Wasser schweben zu lassen, sind genau 1000 N Liftkraft erforderlich. Mit einer (wie

---

[2] NACA-Profile sind zweidimensionale Querschnitte von Tragflächenprofilen für Flugzeugtragflächen, entwickelt vom National Advisory Committee for Aeronautics (NACA, 1915–1958; seit 1958 NASA) für den Entwurf von Tragflächen. Profilname = NACA 4312, Lift- und Widerstands-,Friktionsbeiwerte, mit Re = 1000000 im Medium Wasser ρ= 1000kg/m³ Berechnungswerte nach der Potentialtheorie.

$\alpha[°]$	Ca[-]	Cw[-]	Berechnungswerte nach der Potentialtheorie.
4,0	1,018	0,00760	
6,0	1,245	0,00810	
8,0	1,453	0,01185	
10,0	1,595	0,02101	
12,0	1,684	0,02688	
14,0	1,669	0,03886	

gesagt zurückhaltend angesetzten Aufgleit-) Geschwindigkeit von 3,5 m/s erhalten wir eine für den angesetzten Lift erforderliche Tragflügelfläche von etwa A=0,1 m². Das ist etwas weniger als die Fläche zweier DIN A4 Seiten! Nun ist die kleine Jolle aus dem Wasser, fliegt und legt an Geschwindigkeit zu. Die kleine Handrechnung unterstreicht den Umstand, dass der dynamische Auftrieb eines Tragflügelsystems ein extensiver physikalischer Effekt ist, der übrigens einen Prozess ermöglicht, den auch die Evolution biologischer Wesen auf unserem Planeten zu bevorzugen scheint: das Fliegen mit Tragflügeln. Dass Vögel oder vor Jahr-Millionen Flugsaurier erheblich tief in die Trickkiste der Evolution greifen mussten, geringste Energiemengen, extremer Leichtbau, Gefieder, die genialste Oberfläche der belebten Natur, liegt an der geringen Dichte der Luft. Mit einem Tausendstel der Masse des Wassers ist in Luft jegliche Leistungsausbeute mit dem Faktor 10^{-3} zu multiplizieren, was den Prozess der Energiewandlung erschwert. Aber genau deshalb betrachten wir ja so gerne Schiffe. Galt bis vor ein paar Jahren die Motte als ein Exot auf dem heimischen See, so beobachten wir im direkten Umfeld mit großer Begeisterung das zunehmende wissenschaftliche Interesse an foilenden Seefahrzeugen[3]. Und noch eine gute Nachricht aus dem Segelsport: Dem Gewinner des America's Cup obliegt das Recht, die zukünftigen Regeln zu bestimmen[4]. Für die nächste Kampagne hat Neuseeland reglementiert, dass wieder mit Schiffen um die älteste Sporttrophäe der Welt gesegelt wird. Es werden foilende Monohulls sein.

Der dynamische Auftrieb ist ein sehr starker physikalischer Effekt, der deutlich von der Geschwindigkeit des Seefahrzeugs in Fahrt bestimmt wird. Dagegen nicht transient ist der statische Auftrieb. Wir haben oben gesehen, dass die von der Gravitation bedingten Kräfte und Momente an einem Schwimmsystem seine Konstruktionsparameter determinieren immer dann, wenn zwischen Schiffsstabilität auf der einen und Agilität auf der anderen Seite, Produkterwartungen befriedigt werden. Der statische Auftrieb wächst nicht mit dem Quadrat der Geschwindigkeit, sondern bleibt in Fahrt konstant; er ist also nicht transient, was gefühlt gegen „Agilität" spricht. Dafür aber ist statischer Auftrieb ein mittelbarer Konstruktionsparameter, der mit dem Raum, also der dritten Potenz wächst, gleichzeitig die umhüllende Fläche (verantwortlich für die

---

[3] Christian Bögle (TU-Berlin) Dr. Karsten Hochkirch (FurturShip), Heikki Hansen (FutureShip), Gonzalo Tampier-Brockhaus (TU-Berlin), Department of Ocean Engineering and Naval Architecture TU-Berlin, Germany (2010) Evaluation of the Performance of a Hydro-Foiled Moth by Stability and Force Balance Criteria with the Software Tool FutureShip Equilibrium, 31. Symposium Yachtbau und Yachtentwurf Hamburg, November 2010. https://de.scribd.com/document/119540896/FOILS-MOTH-THESIS.
[4] The AC75 Class Rule defines the parameters within which teams can design a yacht eligible to compete in the 36th America's Cup. https://www.americascup.com

Friktion des Systems) nur mit der zweiten Potenz. Ein klares positives Argument und ein Vorteil für den statischen, nichttransienten Auftrieb. Andererseits ist bei der Entwicklung fluidischer Systeme Raum kritisch und durchaus eine Ressource.

Der Hohlkiel, ein LTW-Matertialien (Lighter than Water) enthaltendes „voluminöses" Bauteil im Lateralplan eines Seefahrzeugs, steht derzeit nicht auf der Agenda maritimer Zukunftstechnik. Mir persönlich sind auch keinerlei Forschungsaktivitäten auf dem Feld der LTW-Technologien bekannt. Wohl aber drehen sich die rezenten Konstruktionsparadigmen deutlich um einen Zugewinn an „Sail-Performance", wobei in der Szene und auch gerade bei den Yachtdesignern mit Performance in erster Linie die Bootsgeschwindigkeit in Verbindung gebracht wird. Die gewichtsstabile langkielige Yacht ist vollständig aus dem Portfolio der führenden Werften verschwunden; selbst im Freizeit-bereich dominiert das gewichtsreduzierte, agile System. Es gibt aber warnende, oft konservative Stimmen, die diese Entwicklung kritisch sehen.

Bleiben wir vielleicht hier an dieser Stelle ein wenig konservativ und richten den Blick in die Südsee und zurück in die ferne Vergangenheit. Die ozeanische marine Technikkultur, insbesondere die Navigations- und Schiffstechnik der Polynesier und anderer indigener Völker des pazifischen Raums, wurde von den westlichen Entdeckern in ihrer Exzellenz und Leistungsfähigkeit vollkommen unterschätzt. So entsprachen die polynesischen Seefahrzeuge nicht den herrschenden Konstruktionsparadigmen der alten Welt. Als der holländische Seefahrer und Entdecker Abel Tasman (*1603, †1659) im Jahre 1642 als erster Europäer Neuseeland erreichte war die maritime Technik der Polynesier durch mündliche Überlieferung und Werk schon seit hunderten von Jahren, wenn nicht seit Jahrtausenden entwickelt und etabliert. Das polynesische Doppelrumpfboot mit seinem Krabbenscherensegel (Crab-Claw-Rig, CC-Rig) ist so bemerkenswert, weil es zu der Zeit der Entdeckungsreisen schon eine tradierte Konstruktion war und seit tausenden Jahren nahezu unverändert existierte. Konsolidierte Technik kann ein Indiz hochoptimierter Gestalt und Funktion sein. Repliken, Zeichnungen und Skizzenoriginale polynesischer Seefahrzeuge existieren weltweit in Museumssammlungen. So zeigt das Ethnologische Museum zu Berlin beispielsweise die Replik einer Segel-Proa (Santa Cruz, Salomonen) samt Krabbenscherensegel mit der einzigartigen Besonderheit, dass dieses Boot als letztes seiner Art mit narrativ überliefertem Wissen von der nativen Inselbevölkerung dort angefertigt wurde.
Variationen der Proas mit Krabbenscherensegel werden auf 2000 bis 2700 Jahre vor unserer Zeitrechnung datiert (Fundorte an der Westküste Perus). Die

exzellente Technik der Polynesier und der Völker des pazifischen Raums, insbesondere die Navigations- und Schiffstechnik wurde von den Entdeckern in ihrer Exzellenz und Leistungsfähigkeit nicht nur vollkommen unterschätzt sondern missachtet. Die maritime polynesische Technik entsprach in vielerlei Hinsicht nicht den Konstruktionsparadigmen der alten Welt. Als die „Westler" in die ozeanische Welt eindrangen, war ihnen nicht im Geringsten gewahr, wie hoch entwickelt andersartig selbst die chinesische Technik war, einem Volk und seiner (Technik-) Kultur, mit dem das alte Europa schon über Jahrhunderte Handel betrieb. Den westlichen Seefahrern erschien polynesische Technik allenfalls als kurios. Heute hingegen vermuten wir, dass Proas mit ihren Krabbenscherensegel eine für die Überwindung der für diese ozeanische Region typischen „Riffwellen" konditionierte Konstruktion darstellt und behaupten ferner, dass eine von der Riff-Wellenform bedingte physikalische Wirkungsweise die eigentümliche Form des Krabbenscheren-Riggs überhaupt erst hervorbrachte. Das polynesische Krabbenscherensegel scheint in seiner elastischen Bauweise besonders für einen intermittierenden Betrieb geeignet zu sein, der ein nichtstationäres Auftriebsgebaren der Arbeitstragfläche realisiert. Dies könnte eine Analogie zum biologischen Kraftflug darstellen.

Auslegerkanus besitzen neben einem Primärrumpf einen zweiten Auslegerschwimmkörper (Sekundärrumpf). Die fluidmechanisch wirksamen Schwimmkörper sind durch Querstreben miteinander verbunden. Das Konstruktionsprinzip der ersten Auslegerkanus stammt aus dem Raum des Südchinesischen Meeres und ist mehr als neuntausend Jahre alt. Auslegerkanus sind aus dem Einbaum der Urvölker abgeleitet. Durch die Erfindung des Auslegers (polynesisch: Ama) konnte der Primärrumpf (polynesisch: Wa-a) so schmal konstruiert werden, dass hohe Geschwindigkeiten erreichbar sind. Gleichsam sind tiefkielige Hauptrümpfe in Beschreibungen und Exponaten überliefert. Diese Rümpfe sind hohl. Das Auslegerkanu war die Grundlage der Besiedlung der gesamten Südsee. Auslegerkanus werden, meist in der besegelten Variante oder mit Motorausstattung auch heute noch im Südostasien, Australien, Neuseeland als Seefahrzeuge beim küstennahen Fischfang verwendet. In der Südsee und auch in der westlichen Welt dienen rezente Konstruktionen von Auslegerkanus als Sportgerät. Auslegerkanus vom Stand der Technik werden in der Regel mit Stechpaddel betrieben. In Regattaklassen (Outrigger Class OC1 bis OC6) organisiert, werden Rennen mit Auslegerkanus mit einem bis sechs Personen ausgerichtet. Auslegerkanus vom Stand der Technik sind asymmetrisch bezogen auf ihre (Längen-) Hauptachse und werden in der Regel (nur) nach vorne bewegt. Die Betriebsweise der klassischen polynesischen Proa ist, im Unterschied zu Auslegerkanus vom Stand der Technik, in beide Bewegungsrichtungen möglich. Von der Proa sind zentralsymmetrische Gestaltungsweisen bekannt. Der Sekundärrumpf dient in erster Linie der Stabilisierung des Gesamtsystems auf Amwindkursen dadurch, dass sowohl statischer als auch dynamischer Auftrieb erzeugt wird. Da die symmetrische Proa nicht im üblichen Sinne wenden, sondern „shunten", segelt sie am Wind immer auf dem gleichen Bug, dafür aber in beide Fahrtrichtungen. Der Sekundärrumpf befindet sich dann immer auf der Luv-Seite des Fahrsystems. Bei jüngeren Proas, also Baumuster die von den einheimischen Seefahrern Polynesiens nach dem Auftauchen der Europäer angefertigt und betrieben wurden, sind auch die Sekundärrümpfe nahezu ausnahmelos Halbtaucherkonstruktionen. Alte Funde von Sekundärrümpfen polynesischer Proas (aus Zeiten vor dem Auftauchen der europäischen Entdecker) besitzen besondere fluidmechanische Merkmale, die den Schluss nahelegen, dass diese Strömungsbauteile auch im vollgetauchten Betrieb statischen Auftrieb und dynamischen Auftrieb produzieren und Stabilisierungsaufgaben erfüllen. Im Wellengang sind derartige Systeme in der Lage, die in der Welle freiwerdende Wasseroberfläche horizontal zu schneiden (horizontal Wave Piercing). Wir würden die Betriebsweise heute „Foilen" nennen!

Das Gesamtsystem Proa mit dem statischen Auftrieb generierenden und LTW-Matertialien enthaltenden Primärrumpf und den dynamischen Auftrieb herstellenden, in diesem Sinne foilenden Sekundärrumpf würdigen wir als ein sehr komplexes und außerordentlich leistungsfähiges Fernfahrsystem und ich behaupte: Die Proa ist ein Seefahrzeug vom Stand der Technik.
Welchen Grund, welches Gestaltungsmotiv, ja vielleicht welche aus dem Betrieb resultierende Notwendigkeit mag in der Frühzeit der polynesischen maritimen Technik und Technologie, also vor dem Auftauchen der Europäer, dazu geführt haben, einen Hohlrumpf zu entwickeln?
Wir haben uns oben in einer graduellen Betrachtung der physikalischen Geschehnisse um das Unterwasserschiff bemüht. Auf der einen Seite die Flächeneffekte und die Trägheitsmomente 2. Ordnung des Lateralplans, auf der anderen Hand die gravitativen Effekte, die von den „in den Flächen geborgenen" Massen handeln.
In einer systematischen, vergleichenden Untersuchung von Lateralplänen unterschiedlicher Seefahrzeuge konnte gezeigt werden, dass die Fläche des Lateralplans und die Flächenverteilung der Kiele der Segelproa die formalen Kriterien der Seetüchtigkeit besser erfüllen, als Kiele vom Stand der Technik. Die passive Resistenz gegen Rollbewegung, die aus dem Lateralplan herrührt ist erwartungsgemäß bei einer langkieligen Yacht am stärksten ausgeprägt, weil die Flächenwirkung des Langkielers die Rollstabilität rein quantitativ bevorteilt.

Wenn aber nun der Fläche des Lateralplans keine Masse unterliegt, ein interessantes (Gedanken-) Konstrukt, das bei keiner rezenten Yacht identifiziert wird, kommen wir zu dem kuriosen Ergebnis, dass einerseits der Lateralplan passive Resistenz gegen Rollbewegung leistet und damit die Seetüchtigkeit verbessert, andererseits das Unterwasserschiff einer derartigen Konstruktion Auftrieb erzeugt und damit zur Agilität im Betrieb des Fahrsystems beiträgt.

Stabilität und Agilität in einer Konstruktion. Ich fasse noch einmal zusammen:

(1) Hohlkiele sind voluminös, enthalten LTW-Matertialien (Lighter than Water-Materials) im Bereich des Unterwasserschiffs eines Seefahrzeugs und generieren statischen Auftrieb.

(2) Hohlkiele sind möglich, aber schwer vorstellbar. Es sind keine rezenten Konstruktionen bekannt.

(3) Ausgeprägte Kiele, so auch Hohlkiele, vergrößern den Lateralplan eines Seefahrzeugs. Feststehende Hohlkiele leisten passive Resistenz gegen die Rollbewegung eines Seefahrzeugs. Passive Resistenz dieser Art trägt zur Seetüchtigkeit des Fahrsystems bei.

(4) Feststehende Hohlkiele generieren statischen Auftrieb. Dieserart vertikale Kraftkomponenten können, je nach Art und Verteilung im Unterwasserschiff, die Agilität des Seefahrzeugs verbessern.

Soweit zu artifiziellen Schwimmsystemen.

„Als Gregor Samsa eines Morgens aus unruhigen Träumen erwachte, fand er sich in seinem Bett zu einem ungeheuren Ungeziefer verwandelt."[5]

Der Große Kolbenwasserkäfer (Hydrophilus piceus) ist mit einer Länge von bis zu fünf Zentimetern der größte Wasserkäfer Europas. Er zeigt bei der Atmung einige höchst interessante Anpassungen an das Wasserleben und steht wegen seiner zunehmenden Gefährdung unter Naturschutz. Zur Atmung kommt der Kolbenwasserkäfer mit seinem Vorderende an die Wasseroberfläche. Er hält den Kopf von unten an den Wasserspiegel und neigt sich dabei leicht nach einer Seite, er krängt. Auf der Körperunterseite tragen die Käfer eine dichte goldgelbe Behaarung (Pubescenz), zwischen dem zweiten und dritten Beinpaar und entlang der Flügeldeckenränder und vom Dorn über dem Brustkiel. Unter der Behaarung wird der Luftvorrat in Hohlräumen (Kavitäten) mittransportiert. Dieses Luftkissen auf der Körperunterseite wird von einem Kiel und den überstehenden Deckflügelrändern gehalten und reicht bis zu den ersten Hinterleibsegmenten. Die Luftschicht wird Plastron genannt, womit ursprünglich das Brustleder einer Panzerung bezeichnet wurde [Kolb-18].
Das Foto des Hydrophilus gehört nicht zu den besten. Doch was wir sehen, ist bemerkenswert. Er hat einen Kiel, er hat eine Finne. Nein weniger einen Kiel eher ein Rail, ein Center-Rail. Und dann das: Rail und Finne erscheinen in einer

---

[5] **Die Verwandlung** ist eine im Jahr 1912 entstandene Erzählung von Franz Kafka und handelt von Gregor Samsa, dessen plötzliche Verwandlung in einen Käfer die Kommunikation seines sozialen Umfelds mit ihm immer mehr hemmt, bis er von seiner Familie für untragbar gehalten wird und schließlich zugrunde geht.

integrierten Konstruktion. Aus der systemischen Sicht betrachtet ist diese **Rail-Fin-Integration** dieses biologischen Schwimmers eine extreme Funktionsüberlagerungen. Mit der Kompaktheit und der mechanischen Robustheit dieser Konstruktion erfüllt Hydrophilus ad hoc die Resilienzkriterien moderner maritimer Fahrsysteme. Die oben zitierte Untersuchung stellt die über den Lateralplan definierten geometrischen Seetauglichkeitskriterien des Kolbenwasserkäfers fest. Wir haben darüber hinaus Anlass zu vermuten, dass dieses komplexe Bauteil (Rail-Fin-Integration, FRI), ein hohles Strömungsbauteil ist. Hier stehen noch detaillierte Untersuchungen an.

Sollte sich diese Vermutung bestätigen, wäre der Kolbenwasserkäfer (neben dem Hauptrumpf der polynesischen Segelproa) ein einzigartiges maritimes Schwimmsystem mit Hohlkiel: das statischen Auftrieb generierende System Hohlkiel wird zu einer Scheidewand Luft haltender Bereiche seines Unterwasserschiffs. Vor dem Hintergrund der Lebensweise des Käfers ergäbe das Sinn. Er benötigt die Luft zur Atmung, nutzt sie aber gleichzeitig um seinen Friktionswiderstand zu minimieren. Diese Funktionsintegration wird dadurch erreicht, dass in die Oberfläche seiner fluidmechanisch wirksamen Strömungsbauteilen besonders gestaltete, hydrophobe Luft haltende Kavitäten integriert sind. Bei Seefahrzeugen, die gelegentlich krängen und dann Teile ihres Unterwasserschiffs der Luftatmosphäre freigeben, kommt es im Betrieb zu einer „Beladung" der hydrophoben Kavitäten mit Luft.

Der Hohlkiel des Kolbenwasserkäfers ist voluminös generiert statischen Auftrieb weil er sehr wahrscheinlich LTW-Martialien (Lighter than Water-Materials) im Bereich des Unterwasserschiffs enthält. Der ausgeprägte Hohlkiel vergrößert den Lateralplan des Kolbenwasserkäfers und leistet passive Resistenz gegen die Rollbewegung in Fahrt. Passive Resistenz dieser Art trägt zur Seetüchtigkeit bei. Da der feststehende Hohlkiel statischen Auftrieb generiert und somit eine positive, vertikale Kraftkomponente liefert, kann dies die Agilität des Lebewesens verbessern.

Weil die an den Prozessen im Betrieb beteiligten physikalischen Wirkmechanismen von hoher Komplexität und bislang schlecht erforscht sind, werden der vergleichende wissenschaftliche Untersuchungen mit dem Ziel einer Übertragung auf maritime Technik nötig.

Mi. Dienst, Berlin im April 2018

Hier könnte der Aufsatz mit einem Schlusswort enden. Tatsächlich senden wir an dieser Stelle einen Dialog mit Laris, einer Bootsbaumeisterin aus Berlin Spandau.

L: Was ist das denn für eine bescheuerte Frage?
Mi: Und?
L: Na, ein Kiel ist ein Kiel. Und ein Kielboot ist ein Kielboot.

Wir befinden uns auf der Segelyacht SÖVIND. Heide steuert ihren Langkieler mit einem leichten SüdWest auf den Tegeler See.
Die alten Segel ziehen noch ganz gut; Heide wendet und geht ein wenig raus, wie sie es gerne tut und ihrer Jollenvita wegen selbst gar nicht so wahrnimmt.

L: Ganz einfach. Hast Du einen Kiel, hast Du ein Kielboot. Hat Du keinen Kiel, hast Du was anderes.
      (Laris wendet sich an Heide) Dein Folkeboot hier ist ein wunderbarer Langkieler. Es tut gut mal wieder zu Segeln. Wir hobeln und schrauben, aber wir segeln nur selten.
Mi: Hmm.
L: Dicke Schiffe sind immer Kielboote; da gibt es gute und Mist. Ich hasse es im Jollenkreuzer zu arbeiten. Die Kunden wollen immer einen schönen alten Jollenkreuzer restauriert haben. Kaufen sich ein Holzboot irgendwo von der Müritz, haben keine Ahnung, aber haben Geld. Sehen nur das Deck, den Aufbau. Aber drinnen? Jollenkreuzer stinken wie eine Gruft. Schlaf mal drin. Wie nasse Socken.
Mi: Wegen dem Schert.
L: Wegen DES Schwertkastens, ja. Jollenkreuzer sind auch sonst irgendwie komisch. OK, sie sind schnell. Ich glaube der 15er hat eine Yardstick von 98! oder so, schneller als das H-Boot. Aber komisch.
Mi: Kielboote sind anders?
L: Natürlich sind die das. Kielboote sind ruhig. Also die richtigen Schiffe. Ich liebe die Sanftheit, die von solch einem Boot ausgeht. Selbst auf Reede setze ich mich in ein Kielboot und meine Knochen hören auf zu klingeln.
Mi: Und Kurzkieler?
L: Da setze ich mich nicht rein. Ich meine doch richtige Schiffe. Ich meine Langkieler. Das nenne ich ein Schiff.
Mi: Ein Kiel ist ein Kiel.
L: Ja, was soll der Mist: ein Kiel ist ein Kiel.

Mi: Ich meine, stell Dir vor: So ein Boot hätte einen Kiel, aber keinen Gewichtskiel. Sondern einfach nur so einen Formkörper, wie ein Kiel.

L: Mann, Micha. Das ist so richtig kakademisch. Weißt Du eigentlich, warum ich nach dem Studium ein Handwerk gelernt habe?

Mi: na?

L: Wegen dieser Formkörper. Und ja, Formkörper ist auch irgendwie Kiel.

Lariss wendet sich wider an Heide.

L: Deine SÖVIND ist wunderbar. Sie ist schwer. Sie hat einen langen Kiel. Zweieinhalb Tonnen?

H: Eher 2.7 Tonnen.

L: Das ist schon etwas anderes als eine moderne Yacht. Ja, gut; auch die haben einen Kiel. Und der geht durchaus tief. Mit einer Bombe ist der auch schwer. Das Gewicht ist dann dort, wo es optimaler Weise sein sollte. Aber was so ein Optimum ist, das weiß auch keiner so genau. Die tiefe Bombe, der lange Hebel. Wenn man es ausrechnet, so mit Masse mal Hebel-Quadrat, kommen wir auf ähnliche Zahlen, als hätten wir das Gewicht über einen langen Kiel verteilt. Ähnliche. Denn die reinen Zahlen sind nix wert, wenn man nicht daneben schreibt, woher sie stammen. Was sie machen. Was sie können. Ich kann kurze Kiele nicht mit langen Kielen vergleichen.

Mi: Weil?

L: Zwei Welten. Mit einem langen Hebel und einem geringeren Gewicht kannst Du das gleiche rückstellende Moment erzeugen wie mit einem kurzen Hebel und einem großen Gewicht. Es ist das gleiche Moment, aber ..

Mi: Aber von einer anderen Art.

L: Genau. Es ist eine Frage der Residuen ...

Mi denkt: Ach du Kacke. Jetzt kommt die Informatikerin durch. Wer hätte das gedacht? Und. Wie war das nochmal? Ein Residuum ist - in der Mathematik, nein in der numerischen Mathematik - die Abweichung von einem Erwartungswert, also der Abstand vom gewünschten Ergebnis. Die Abweichung entsteht immer dann, wenn man mit einer Näherung arbeitet. Das Residuum ist also die Rache für Pi=3 und g=10 und dass ein Knoten ein halber Meter sei. So was halt.

Mi: .. entschuldige, wie war das eben?

L: ... immer dann, wenn Du das, was Du mit dem Gewicht ausgleichen willst, nicht genau triffst. Oder nicht treffen kannst. Es gibt einen Auslegungspunkt für jedes Schiff. Und so ein Kiel ist halt mal ein Kiel. Du erinnerst Dich, Micha. Bei einem Kiel kannst Du nicht einfach mal einen Zentner rausziehen, wenn Du ihn an einer anderen Stelle schnell brauchst. Der Kiel ist ein Kiel, so wie er ist und der Keil bleibt ein Kiel. Kurz und schwer ist die Erdung. Lang und leicht ist das Gefummel. Und wenn man es richtig anstellt, ist kurz und schwer, also kurzer Hebel mit viel Gewicht dran, die viel universellere Konstruktion und vor allem in ihrer Dynamik schnell.

Mi: Viel Gewicht ist schneller?

L: Natürlich. Wenn ein dicker Mann mit seinen 100 Kg (alle starren mich an) während der Wende in die Schiffsmitte plumpst, ist ein Schiff in Bewegung doppelt so schnell, also dynamisch, also von der Änderung der Winkelgeschwindigkeit, also der Winkelbeschleunigung her, (Laris zählt die Alsos an den Fingern ab) als würde ein leichter Hüpfer vom Back- in das Steuerbord-Trapez hechten; (und noch vier Finger) Dreh- Impuls- Erhaltungs- Satz.

Mi: pfff.

H: Die Eisprinzessin.

L: Genau Heide, die Eisprinzessin. Sie holt die Masse rein, die Arme, die Beine, also alles und dreht sich für einen Moment schnell. Man achte auf die Worte „Moment und schnell".

Mi: Alle Achtung, ihr überfordert mich. Also Fast. (vier Micha-Finger)

H: Total, eher. Guck mal, ich zeig Dir das.

Heide yuloht jetzt die SÖVIND in den kleinen Hafen des Deutsch-Französischen Segelclubs. Walzer-Takt. Sie balanciert das schwere Schiff so, dass es bei jedem zweiten, dritten Hub ein bisschen mehr oder weniger rollt. Gerade so, wie sie es zum Manövrieren braucht. Ohne dabei Energie in eine unnütze Beschleunigung zu verschwenden. Ein harmonischer Tanz, der nicht physikalisch zerquatscht werden will.

L: Ich glaube, ich war Dir jetzt keine große Hilfe bei Deinen Kielfragen.

Mi: Doch. Danke. Eine große Hilfe.

Wir legen die Segel zusammen, tun noch ein paar Leinen auf. Machen alles klar für die Feuchte, die nun aufzieht, während die Mücken jetzt kommen und die Gänse über das Gras wackeln. Später dann,

L: Jetzt weiß ich, was Du meinst. Mit Deinen Kielen. Wir Bootsbauer nehmen einen Auftrag an, da steht drauf: Kielboot und machen schon mal die Halle frei, weil das ein Dreitonnen-Ding wird. Und es geht überhaupt nicht um das Volumen, es geht um das Gewicht. Kielboote sind schwer und Langkieler sind noch schwerer. Haben mehr Fläche im Kiel und mehr Volumen. Und glaube mir, jeder einzelne Quadratmeter Lateralplan lohnt sich auf See. Lateralplan lohnt sich immer. Hier im Binnenland ist das wahrscheinlich egal. Aber draußen auf dem Meer ist die Seetüchtigkeit entscheidend. Also die Konstruktionsweise von grundsätzlicher Art. Moderne Yachten haben weniger einen Kiel, als vielmehr ein gewichtetes Brett. Einen schweren Flügel eher. Und Du willst nun wissen, was passiert, wenn man nicht Blei nimmt, sondern Eisen. Und dann kein Eisen, sondern Beton und dann kein Beton sondern Holz. Oder Plastik.

Mi.   Die J22 ist so ein Fall.

L: Ja. Und aus gutem Grund. Die J22 ist quasi ein Jollenkreuzer mit blockiertem Schwert. Aber als American Beauty-Queen getarnt.

Später dann reden wir noch über den Kiel als Solchen. Auch für die Bootsbaumeisterin ist der erst mal ein Volumen und ein jedes Schiff mehr oder weniger füllig. Hier und dort, vorn, hinten, am Bug, in der Mitte, am Heck. Der Lateralplan ist das Eine. Man kann ihn isoliert als Maß für die Seetüchtigkeit heranziehen. Das Volumen ist das Andere.

Mi: .. der Kielzugvogel,..

L: Ja, das ist der Klassiker. Der Zugvogel ist eigentlich eine Rakete. Also mit Schwert. Auf dem Fluss fährt der Schwertzugvogel locker gegen die Strömung an.

Jollen. „Der Name Jolle geht auf eine aus dem Norwegischen abgeleitete Namensgebung für kleine, rundspantige Boote ohne Balkenkiel zurück. Das norwegische jöll bezeichnet eigentlich einen Trog, oder ausgehöhlten Baumstamm. Seine runde Form erinnert an die rundspantigen Boote. Die ursprüngliche Heckform Spitzgatt ist im späten 19. Jahrhundert dem heute typischen Spiegelheck gewichen. Der Konstruktionsschwerpunkt einer Jolle liegt meist über der Wasserlinie. Sie ist ein formstabiles Boot, das sein aufrichtendes Moment durch den Wasserdruck erhält, der auf den flachen Rumpf wirkt. Aufgrund des hohen Konstruktionsschwerpunktes richtet sich eine Jolle nur bei sehr geringen Krängungswinkeln wieder von selber auf, wenn der Winddruck im Segel nachlässt. Ebenso kann die Jolle nur einen geringen Winddruck dadurch ausgleichen, dass der Wasserdruck in Lee zunimmt, während gleichzeitig der in Luv abnimmt. Es fehlt das ausgleichende Drehmoment eines Kielgewichtes, das bei zunehmendem Winddruck nur durch

Gewichtsverlagerung der Personen an Bord, Veränderung der Segelstellung –
Auffieren - oder Änderung des Kurses zum Wind ausgeglichen werden kann.

L: ... gerade die Holzboote sind wunderbar. Und freundlich, gut zu segeln.
So. Und jetzt stell Dir vor, Du würdest in so eine Hübsche einen
Leierkasten einbauen.

Mi: einen Leierkasten?

L: Ja, wirklich. Der Kiel vom Kielzugvogel wird geleiert. So mit Zahnstange
und Drehorgel; zumindest bei den alten Damen ist das so; was Mader da
heute so baut, interessiert mich nicht.

Mi: Warum hat man zwei Varianten gebaut? Welcher Zugvogel kam denn
zuerst?

L: Das weiß ich nicht. Ich glaube zuerst kam die Jolle. Die Baupläne sind frei.
Du kannst sie selber bauen.

Mi: Ist der Kielzugvogel jetzt ein Kielboot?

L: Ja. Gehen wir einmal mehr davon aus. Und außerdem gibt es bei Schiffen
ja die Eigenschaft der Gewichtsstabilität. Beides gehört nach dem Stand
der Technik zusammen. Rein vom Bootsbau her gesehen, ist der Kiel ein
mittschiffs im Boden angebrachter Längsverband. Ähnlich der Wirbel-
säule beim Menschen. Der Kiel ist so etwas wie das Rückgrat des Bootes
und hier setzen die Rippen an. Das ist eben auch bei Booten so, denn auf
dem Kiel sitzen die Spanten, die der Querstabilität des Bootes dienen.
Nach vorn und nach hinter geht der Kiel in die Steven über. Und rein vom
Bootsbau her gesehen, ist der Kiel schwer, weil er immer massiv ist. Aber
ich persönlich könnte mir durchaus einen Kiel als Konstruktion vorstellen.
Als irgendwas Hohles, das man gegebenenfalls mit irgendwas anderem
befüllen kann. Ein Konstruktionskiel stellt Räume bereit, die Bereich mit
so genannten „Leichter-als-Wasser-Materialien" geflutet werden könn-
ten. Aber haben wir so einen Bleibrei? Nein. Je nach Bauart des Schiffes
gibt es allerdings sehr unterschiedliche Kielformen, die sich teilweise
nicht ganz klar vom Schwert trennen lassen.
Gleichzeitig soll ein Kiel Querkraft aufbauen. Ich vermute mal, dass das in
Zukunft in den Vordergrund rückt. Wie Kiele das grundsätzlich machen,
wissen wir seit tausend Jahren. Was wir nicht so genau wissen ist, wie ein
Kiel arbeitet der Querkraft und Lift erzeugen will. Und ich meine
dynamischen Lift. Den statischen Lift kann ich mit „Leichter-als-Wasser-
Materialien" herstellen; den Dynamischen mit einem Flügel. Dass man
mit den statischen Verfahren langsam nicht mehr so ganz einverstanden
ist, kann man an den Schwenkkielen sehen. Als wäre man mit dem
Vorhandenen unzufrieden, aber ohne wirkliche Ideen, werkelt man an

vorhandenen Lösungen herum, und schafft so genannte „Innovationen, die in einem hohen Maße unangenehm sind.
Aber solange es klassische Yachten gibt, wird es uns geben.

Mi: .. was für ein Schlusswort.

Bibliographie und weiterführende Literatur

[BaNe-98]   Barthlott, W.; Neinhuis, C.: Lotusblumen und Autolacke – Ultrastruktur pflanzlicher Grenzflächen und biomimetische unverschmutzbare Werkstoffe. Biona Report 12, Schriftenreihe der Wissenschaften und der Literatur, Mainz. Gustav Fischer-Verlag, Stuttgart 1998.

[Bann-02]   Bannasch, Rudolph. Vorbild Natur. In: design report 9/02, S.20ff. Blue.C Verlag Stuttgart: 2002.

[Bapp-99]   Bappert, R. Bionik, Zukunftstechnik lernt von der Natur. SiemensForum München/Berlin und Landesmuseum für Technik und Arbeit in Mannheim (Herausgeber): 1999

[Bech-93]   Bechert, D.W.: Verminderung des Strömungswiderstandes durch bionische Oberflächen. In: VDI-Technologieanalyse Bionik, S. 74 – 77. VDI-Technologiezentrum Düsseldorf 1993.

[Bech-97]   Bechert, D.W., Biological Surfaces and their Technological Application. 28th AIAA Fluid Dynamics Conference: 1997

[Cal-84]   Calder, W.A. (1984) Size, Function and Life History. Harvard University Press. Cambridge 431pp.

[Die11-1]   Dienst, Mi. (2011) Hrsg. Transactions in Bionic Engineering Design, Vol.-Nr.001. BOD Verlag Norderstedt. ISBN 978-3-8423-2714-6.

[Die 11-2]   Dienst, Mi., (2011) Bionic Research Unit Berlin. Rezente Bionikforschung an der Beuth Hochschule für Technik Berlin, In: 5. Bremer Bionik Kongress –Tagungsbeiträge. Hrsg.: Antonia B. Kesel, Doris Zehren, S. 200-203. ISBN 978-3-00-033467-2

[Die09-4]   Dienst, Mi.(2009) Physical Modelling driven Bionics. GRIN-Verlag München.

[Die 18-8]   Dienst, Mi. (2018) Über Lateralpläne, Resilienz und Seetüchtigkeit. About the Origin of Resilience and Seaworthiness. GRIN-Verlag GmbH München, ISBN(e-Book): 9783668655294, ISBN(Buch): 9783668655300

[DUB-95]   Dubbel, Handbuch des Maschinenbaus, Springer Verlag Berlin, 15.Auflage 1995.

[Fli-02]   Flindt, R. (2002) Biologie in Zahlen Berlin: Spektrum Akademischer Verl.

[Fren-94] French, M.: Invention and Evolution: design in nature and engineering. Cambridge University Press. Cambridge 1994.

[Fren-99] French, M.: Conceptual Design for Engineers. Berlin, Heidelberg, New York, London, Paris, Tokio: Springer: 1999

[Gel-10]   Produktinformation, 05 2010, GELITA 69412 Eberbach. www.gelita.com

[Guen-98] Günther, B., Morgado, E. (1998) Dimensional analysis and allometric equations concerning Cope's rule. Revista Chilena de Historia Natural 71: 331-335, 1989

[Gör-75]   Görtler, H. Diemensionsanalyse. Berlin Springer 1975

[Guen-66] Günther, B., Leon, B. (1966) Theorie of biological Similarities, nondimensional Parameters and invariant Numbers. Bulletin of Mathematical Biophysics Volume 28, 1966.

[Gutm-89] Gutmann, W.: Die Evolution hydraulischer Konstruktionen. Verlag W. Kramer: Frankfurt am Main, 1989.

[Hüt-07]   Hütte, 2007, 33. Auflage, Springer Verlag. S.E147

[Hux-32]   Huxley, J.S. (1932) Problems of relative Growth. London: Methuen.

[Liao-03] Liao, J.C.; Beal, D.; Lauder, G.; Triantayllou, M. Fish Exploting Vortices Decrease Muscle Activty. In: Science 2003, S. 1566-1569. AAAS. 2003.

[Matt-97] Mattheck, C.: Design in der Natur. Rombach Verlag. Freiburg 1997.

[Nac-01]   Nachtigall, W. (2001) Biomechanik. Braunschweig: Vieweg Verlag.

[Nach-98] Nachtigall, W. : Bionik – Grundlagen und Beispiele für Ingenieure und Naturwissenschaftler. Springer-Verlag, Berlin-Heidelberg-New York 1998.

[Nach-00] Nachtigall, Werner; Blüchel, Kurt. Das große Buch der Bionik. Stuttgart: Deutsche Verlags Anstalt: 2000.

[PaBe-93] Pahl. G.; Beitz, W.: Konstruktionslehre, 3.Auflage. Berlin-Heidelberg-New York-London-Paris-Tokio: Springer 1993

[Pflu-96] Pflumm, W. (1996) Biologie der Säugetiere. Berlin: Blackwell Wissenschaftsverlag.

[Rech-94] Rechenberg, Ingo. Evolutionsstrategie'94. Frommann-Holzoog Verlag. Stuttgart: 1994.

[Schü-02] Schütt, P., Schuck, H-J., Stimm, B. (2002) Lexikon der Baum- und Straucharten. Nikol, Hamburg, ISBN 3-933203-53-8

[Tho-59]   Thompson, D'Arcy, W. (1959) On Growth and Form. London: Cambridge University Press. (Neuauflage der Originalschrift 1907)

[Tho-92]   Thompson, D W., (1992). *On Growth and Form.* Dover reprint of 1942 2nd ed. (1st ed., 1917). ISBN 0-486-67135-6

[Tria-95] Triantafyllou, M.: Effizienter Flossenantrieb für Schwimmroboter. In: Spektrum der Wissenschaft 08-1995, S. 66–73. Spektrum der Wissenschaft- Verlagsgesellschaft mbH, Heidelberg 1995.

[Zie - 72] Zierep, J. (1972) Ähnlichkeitsgesetze und Modellregeln der Strömungslehre. Karlsruhe: Braun Verlag 1972.